U0389464

孩子超喜欢看的
趣味科学馆

ANIMAL
动物

余大为　韩雨江◎主编

吉林科学技术出版社

图书在版编目（CIP）数据

动物 / 余大为, 韩雨江主编. -- 长春 : 吉林科学
技术出版社, 2024.8
（孩子超喜欢看的趣味科学馆 / 韩雨江主编）
ISBN 978-7-5744-1636-9

Ⅰ.①动… Ⅱ.①余… ②韩… Ⅲ.①动物—儿童读
物 Ⅳ.Q95-49

中国国家版本馆CIP数据核字第2024G32T97号

孩子超喜欢看的趣味科学馆　动物
HAIZI CHAO XIHUAN KAN DE QUWEI KEXUEGUAN　DONGWU

主　　编	余大为　韩雨江
策 划 人	张晶昱
出 版 人	宛　霞
责任编辑	徐海韬
助理编辑	宿迪超　周　禹　郭劲松
制　　版	长春美印图文设计有限公司
封面设计	星客月客
幅面尺寸	167 mm×235 mm
开　　本	16
字　　数	62.5千字
印　　张	5
印　　数	1-5 000册
版　　次	2024年8月第1版
印　　次	2024年8月第1次印刷

出　　版	吉林科学技术出版社
发　　行	吉林科学技术出版社
地　　址	长春市福祉大路5788号出版集团A座
邮　　编	130118
发行部电话/传真	0431-81629529　81629530　81629531
	81629532　81629533　81629534
储运部电话	0431-86059116
编辑部电话	0431-81629380
印　　刷	吉林省创美堂印刷有限公司

书　　号	ISBN 978-7-5744-1636-9
定　　价	25.00元

趣味测试
精美图文
影像科普
交流园地

扫码获取

目 录

团队协作的猎手：

狼

　　狼对大家来说并不陌生，在书本和影视作品中我们都能看到它们的形象。狼有着健壮的身体，长长的尾巴，带趾垫的足和宽大的嘴巴。狼的耐力很强，奔跑速度极快，攻击力强，常常成群结队地在草原上或森林中捕猎。狼是肉食性动物，嘴里长有锋利的犬齿，嗅觉和听觉都非常灵敏，它们不仅喜欢吃羊、鹿等有蹄类动物，对于兔子、老鼠等小型动物也是来者不拒。狼群的分布非常广泛，它们一般生活在苔原、草原、森林、荒漠、农田和一些人口密度较小的地区。

狼族社会的秘密

　　狼之所以能够在生存竞争中获得胜利，是因为它们有着独特的社会体系。狼群的等级制度极为严格。家族式的狼群通常由优秀的狼夫妻来领导，而以兄弟姐妹组成的狼群则由最强的狼作为头狼。狼群中狼的数量从几只到十几只不等，狼群内部分工明确，拥有严格的领地范围，互相之间一般不会重叠，也不会入侵其他狼群的领地。

狼成功的秘诀是什么

在史前的美洲大陆上，狼曾经与剑齿虎和泰坦鸟等大型掠食者平起平坐。然而体形巨大的剑齿虎和泰坦鸟都灭绝了，狼却依旧活跃在食物链的顶端。除了对环境变化的适应力，狼的社会化群体行为和它们团队作战的方式都是它们延续种族的秘诀。

狼	
分类：	食肉目犬科
食性：	肉食性
体长：	105 ~ 160 厘米
特征：	有棕色和灰色的皮毛，牙齿非常锋利

狼的嗅觉非常敏锐。

狼的听觉非常灵敏，能够察觉到小型猎物的动向。

尾巴的状态能反映出狼的情绪。

5

草原之王：
非洲狮

　　谁才是真正的草原霸主？答案一定是非洲狮了。非洲狮是非洲最大的猫科动物，也是世界上第二大的猫科动物。它们体形健壮，四肢有力，头大而圆，爪子非常锋利并且可以伸缩。在非洲狮面前，大多数肉食动物都处于劣势地位。非洲狮长着发达的犬齿和裂齿，是非洲的顶级掠食者，非洲的绝大多数植食哺乳动物都是它们的食物。在狮群中，雌狮主要负责捕猎，雄狮则负责保卫领地。和其他猫科动物一样，它们也喜欢在白天睡觉。虽然强壮的狮子在白天也可以捕捉到猎物，但是清晨和夜间捕猎的成功率会更高。它们一旦填饱肚子，就可以五六天不用再捕食了。在猎物极度匮乏的情况下，狮子也会抢夺其他肉食动物的猎物来充饥。

雌狮负责狩猎和
养育后代。

狮子的肌肉
非常发达。

狮王争夺战

当一只外来的雄狮想要入侵狮群的领地时，狮群的狮王就会将它赶出领地范围。如果新来的雄狮向狮王发起挑战，这两者之间就会爆发激烈的战斗。如果狮王战败，那么它将会被赶出原有的领地，新来的雄狮则会成为新的狮王。

王者总是孤独的

雄狮宝宝在出生6个月后断奶，但是它们不需要马上学习捕食，母狮会将捕来的猎物送到它们嘴边。幼年的雄狮生活幸福，但是两岁后它们会被赶出狮群开始艰苦的生活。从此雄狮就要一切靠自己了，它们要努力地磨炼自己，以成为一支新的狮群的狮王。

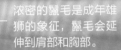

浓密的鬣毛是成年雄狮的象征，鬣毛会延伸到肩部和胸部。

成年雄狮是狮群的首领，一个狮群通常有1~2只成年雄狮作为领袖。

非洲狮

分类： 食肉目猫科
食性： 肉食性
体长： 约300厘米
特征： 身体强壮，雄狮有威风的鬣毛

挖洞的高手：

穿山甲

　　穿山甲身材狭长，四肢短粗，嘴又尖又长，从头到尾布满了坚硬厚重的鳞片。穿山甲对自己居住环境的要求非常高：夏天，它们会把家建在通风凉爽、地势偏高的山坡上，避免洞穴进水；到了冬季，它们又会把家建在背风向阳、地势较低的地方。洞内蜿蜒曲折、结构复杂，长度可达10米，途中还会经过白蚁的巢，可以用来作储备"粮仓"，洞穴尽头的"卧室"较为宽敞，还会垫着细软的干草来保暖。

白蚁到底有多好吃

　　白蚁好不好吃，可能只有穿山甲自己才知道。穿山甲的主要食物是白蚁。它们一般会在夜间外出觅食，觅食时，它们将带有黏性唾液的长舌头伸进蚁穴，将白蚁一扫而空。穿山甲是大胃王，它的食量惊人，据记载，一只穿山甲的胃里最多可以容纳500克白蚁。

穿山甲的鳞片像瓦片一样层层叠叠地覆盖在身上。

穿山甲

分类： 鳞甲目穿山甲科
食性： 肉食性
体长： 34～92厘米
特征： 全身覆盖着鳞片

锋利的爪子是它们"穿山"的工具。

穿山甲真的无坚不摧吗

穿山甲擅长挖洞，又浑身披满鳞片，因此得名"穿山甲"。传说中穿山甲可以挖穿石壁，实则不然，它们并没有挖穿石壁的本领。就算是挖洞，它们也会选择土质松软的地方，并不是什么都能挖开的。

鳞片是它们的制胜法宝

穿山甲的鳞片由坚硬的角质组成，从头顶到尾巴全部长满了如瓦片状厚重坚硬的黑褐色的鳞片。这些鳞片形状不同，大小不一。穿山甲遇到危险时会缩成一团，如果被咬住，它们还会利用肌肉让鳞片进行反复的切割运动。这一锋利的武器会给敌人带来严重的伤害，使其不得不松口放穿山甲逃生。

幼小的穿山甲通常会趴在妈妈身上，跟随妈妈一起行动。

满身条纹的马：

斑　马

　　斑马到底是白底黑条纹，还是黑底白条纹？其实斑马的皮肤是黑色的，所以它们是黑底白条纹。正是因为它们身上这黑白相间的条纹，它们才被人类取了斑马这样一个名字。这种动物是由400万年前的原马进化而来的。曾经的斑马条纹并不清晰分明，经过不断的进化和淘汰才有了现在的条纹。斑马生活在干燥、草木较多的草原和沙漠地带，是植食动物，具有强大的消化系统，树枝、树叶和树皮都能成为它们的食物。斑马群居生活，一般10匹左右为一群，群体由雄性斑马率领，成员多为雌斑马和斑马幼崽。它们相处得非常融洽，一起觅食，一起玩耍，很少会有斑马被赶出斑马群的事情发生。

每一匹斑马身上的条纹都是独一无二的。

独一无二的"条形码"

　　每一匹斑马身上的条纹都是独一无二、不可复制的。小斑马在妈妈肚子里的时候，会遇到各种各样的情况，甚至每个器官发育的情况都会有所不同，因此它们就带着各自独有的标志降生，就像商品的条形码一样。

驯服斑马，真的是太难了

　　在欧洲人殖民非洲的时代，殖民者们曾经尝试用更加适应非洲气候的斑马来代替原本的马。但是斑马的行为难以预测，非常容易受到惊吓，所以驯服斑马的尝试大多失败了。能够被人类成功驯服的斑马非常少。

斑马的条纹有什么用

　　黑白条纹是斑马们适应环境的保护色，它们的条纹黑白相间、清晰分明，在阳光的照射下很容易与周围的景物融合，模糊界限，起到自我保护的作用。草原上有种昆虫叫采采蝇，经常叮咬羚羊一类的动物。斑马身上的条纹可以迷惑采采蝇的视线，防止被它们叮咬；也可以迷惑天敌的视线，从而逃脱追捕。

斑马	
分类: 奇蹄目马科	
食性: 植食性	
体长: 217 ~ 246 厘米	
特征: 全身有黑白相间的条纹	

平原斑马的条纹一直延伸到腹部下方，其他斑马则不是这样。

斑马很少躺下休息，它们睡觉的时候也是站着的。

陆地长脖子：

长颈鹿

　　长颈鹿生活在非洲稀树草原地带。长颈鹿是世界上现存最高的陆生动物，站立时身高约6米。长颈鹿毛色浅棕带有花纹，四肢细长，尾巴短小，头顶有一对带茸毛的短角。它们性情温和，胆子小，是一种大型的植食动物，以树叶和小树枝为食。长颈鹿的心脏比较特殊，为了将血液输送到距心脏两米多的头部，它们拥有着极高的血压，收缩压要比人类的3倍还高。为了不让血液涨破血管，长颈鹿的血管壁必须有足够的弹性，周围还分布着许多毛细血管。

长颈鹿从何而来

　　长颈鹿是由中新世初期的古鹿进化而来的。早期的古鹿脖子有长有短，生活在稀树草原地带。那里的树木多为伞形，树叶都在中上层，矮处的树叶很快就被吃光了，而高处的树叶只有长脖子的鹿才能吃到。脖子短的鹿由于饥饿和不能及时发现天敌而慢慢被淘汰，久而久之，长脖子的鹿就活了下来，逐渐演变成了今天的长颈鹿。

长颈鹿一天要睡多久

　　长颈鹿睡觉的时间很少，一天只睡几十分钟到两小时左右。由于脖子太长，它们常常把脖子靠在树枝上站着睡觉。长颈鹿有时也需要躺下休息，但是躺下睡觉对它们来说是件十分危险的事情，因为从睡卧的姿势站起来需要花费一分钟的时间，这一分钟就可能让长颈鹿来不及从肉食动物的口中逃脱。

长颈鹿

分类： 偶蹄目长颈鹿科
食性： 植食性
身高： 约600厘米
特征： 脖子和腿非常长，身上
有斑块状花纹

长颈鹿很喜欢吃
金合欢树的叶子。

头上有两个
带茸毛的短角。

长长的脖子不仅能
让它们吃到高处的
嫩叶，还是同类间
争斗的武器。

细长的腿非常有力量，
甚至能一脚踢死前来
偷袭的狮子。

13

澳大利亚的动物代表：

袋　鼠

　　袋鼠的踪迹遍及整个澳大利亚，袋鼠家族中最大也最广为人知的种类，是红大袋鼠。雄性红大袋鼠的皮毛为具有标志性的红褐色，下身为浅黄色；雌性上身为蓝灰色，下身呈淡灰色。它们喜欢在草原、灌木丛、沙漠和稀树草原地区蹦蹦跳跳地寻找自己喜欢吃的草和其他植物。红大袋鼠能够广泛分布于澳大利亚这片土地上，自然有其独特的本领。它们能够在植物枯萎的季节找到足够的食物，也能够在缺水的旱季正常生存。在炎热的天气里，它们可以采取多种方式将体温保持在36℃，以让体内各功能保持正常状态。

红大袋鼠

分类： 双门齿目袋鼠科
食性： 植食性
体长： 约140厘米
特征： 尾巴粗壮，雌性腹部有
　　　　一个育儿袋

强壮的后腿让袋鼠能一下跳出去数米之远。

神奇的育儿袋

　　袋鼠是一种有袋类哺乳动物，它们的大部分发育过程是在母亲的育儿袋里完成的。小袋鼠出生时只有花生大小，尾巴和后腿柔软细小，只有前肢发育较好，身体大部分没有发育完全，所以需要回到妈妈的育儿袋中继续发育。刚开始袋鼠妈妈会在自己的皮毛上舔出一条路，小袋鼠就会顺着这条路爬到妈妈的育儿袋中，接受母乳的滋养。几个月后小袋鼠就长大了，当它长到育儿袋装不下的时候，小袋鼠就可以开始自己找食物了。

像后腿一样粗壮的尾巴

红大袋鼠的前肢细小，后腿比前肢粗壮许多，强健有力的后腿非常适合跳跃，它们一次可以跳 3 米高，8 米远，它们跳跃着前行的速度可达 50 千米／时。红大袋鼠的尾巴和腿一样粗壮，在休息的时候撑在地上，让后腿和尾巴组成一个三脚架，这样一来袋鼠就算不躺在地上也能很好地休息了。

袋鼠的耳朵尖而长。

嘴部呈方形。

即使小袋鼠已经长到一定的年龄，它们还是会赖在妈妈的育儿袋里不肯离开。

在休息的时候，袋鼠会用尾巴来支撑身体。

百兽之王:
老 虎

　　不是谁都能当丛林中的百兽之王！只要提到"百兽之王"，我们第一个就会想到威风凛凛的老虎，这个宝座确实非老虎莫属。为什么只有老虎才称得上是百兽之王呢？因为老虎体态雄伟，强壮高大，是一种顶级掠食者，其中东北虎是世界上体形最大的猫科动物。老虎的皮毛大多数呈黄色，带有黑色的花纹，脑袋圆圆的，尾巴又粗又长，生活在丛林之中，从南方的雨林到北方的针叶林中都有分布。老虎曾经广泛分布在亚洲的各个地区，不过由于栖息地的缩小和人类的猎杀，现在老虎的数量已经变得非常稀少，据世界自然基金会估计，现在全球仅剩余3000～4000只野生老虎。

老虎中的"白马王子"

　　老虎的皮毛大多数是黄色并且带有黑色花纹的，不过人们偶尔也会发现全身披着白色皮毛的老虎，这就是白虎。白虎是普通老虎的一种变种，是体色产生基因突变的结果。1951年，人们在印度发现并捕获了一只野生的白色孟加拉虎，它是第一只被捕获的白虎，现在世界各地的白虎几乎都是它的子孙。

老虎

分类: 食肉目猫科
食性: 肉食性
体长: 最长可达340厘米
特征: 皮毛上有黑色的斑纹

老虎会爬树吗

　　在传说中，老虎拜猫为师学习本领，在学成之后却想要把猫吃掉。好在猫没有把爬树的方法教给老虎，所以爬到树上躲过了老虎的暗算，老虎也因此没有学会爬树的本事。现实生活中老虎真的不会爬树吗？当然不是的。和大部分猫科动物一样，利用发达的肌肉和钩状的爪子，老虎也能爬到树上去寻找鸟蛋或者其他藏在树上的猎物。不过因为老虎实在是太重了，为了避免损伤自己的爪子就很少爬树，因此才给人们留下了一个"不会爬树"的印象。

身上黑黄相间的皮毛是老虎隐藏在丛林之中的保护色。

锋利的牙齿和有力的下颌会紧紧咬住猎物的喉咙，直到猎物窒息身亡后才松开。

强壮的四肢让老虎能快速接近猎物，在电光石火之间将猎物制服。

脚掌上长着锋利的爪子。

可爱的国宝：

大熊猫

　　胖胖的身子，圆圆的耳朵，大大的黑眼圈，没错，这就是我们可爱的国宝大熊猫。提起大熊猫，我们都会想到它们圆滚滚的身形和憨态可掬的样子。大熊猫对生存环境可是很挑剔的，只生活在我国四川、陕西和甘肃等省的山区，它们可是我们的重点保护对象，是我们中国的国宝呢！大熊猫的毛色呈黑白两色，颜色分布很有规律，白色的身体，黑色的耳朵，黑色的四肢，还有一对大大的黑眼圈，非常有趣。它们走路时迈着"内八字"，壮硕的身体随之左右摆动，可爱极了。

大熊猫也会改善生活

　　大熊猫的祖先以肉食为主，在后来的进化和迁徙中，大熊猫越来越适应亚热带的竹林生活，体重逐渐增加，食性也慢慢地从吃肉转变为以吃竹子为主。它们的牙齿进化出了适合咀嚼竹子的白齿，爪子除了五指之外还长出了适于抓握的伪拇指（腕骨突起），可以更好地握住竹子。虽然我们都知道大熊猫喜欢吃竹子，但是它们偶尔也会捕捉竹鼠之类的小动物来"开个荤"。

让全世界疯狂的"胖子"

　　大熊猫非常可爱，到哪里都是备受欢迎的明星，所以在很多国家的动物园中也设有熊猫馆。1950年，我国政府开始将可爱的大熊猫作为国礼赠送给与我们有着良好外交关系的国家，先后有多个国家接受过中国赠送的大熊猫，这就是著名的"熊猫外交"。可爱的"胖子"大熊猫深受世界人民的喜爱。在国外，为了一睹大熊猫的真容，游客们甚至会排上好几小时的队呢。

大熊猫

分类: 食肉目熊科熊猫亚科
食性: 杂食性
体长: 120 ～ 180 厘米
特征: 黑白的毛色,有两个"黑眼圈"

脸上的"黑眼圈"是大熊猫最显著的特征。

大熊猫圆圆胖胖的体态为它们赢得了世界人民的喜爱。

虽然笨重,但是大熊猫却很擅长爬树。

19

会变色的狐狸：
北极狐

　　北极狐生活在北冰洋的沿岸地带和一些岛屿上的苔原地带。和大多数生活在北极的动物一样，北极狐也有一身雪白的皮毛。在它们的身后，还有一条毛发蓬松的大尾巴。北极狐主要吃旅鼠，也吃鱼、鸟、鸟蛋、贝类、北极兔和浆果等食物，可以说能找到的食物它们都会吃。每年的2～5月是北极狐交配的时期，这一时期雌性北极狐会扬起头嗥叫，呼唤雄性北极狐，交配之后大概50天，可爱的小北极狐就出生了。北极狐的寿命一般为8～10年。

北极狐
分类： 食肉目犬科
食性： 杂食性
体长： 约55厘米
特征： 毛色随季节变化，冬季
　　　　为白色

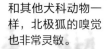

和其他犬科动物一样，北极狐的嗅觉也非常灵敏。

北极熊追踪者

　　夏天是食物最丰富的季节，每到这时，北极狐都会储存一些食物在自己的洞穴中。到了冬天，如果洞穴里储存的食物都被吃光了，北极狐就会偷偷跟着北极熊，捡食北极熊剩下的食物，但是这样做也是非常危险的。因为当北极熊非常饥饿却找不到食物时，会把跟在身后的北极狐吃掉。

北极狐会变色吗

　　北极狐有着随季节变化的毛色。在冬季时北极狐身上的毛发呈白色，只有鼻尖是黑色的，到了夏季身体的毛发变为灰黑色，腹部和面部的颜色较浅，颜色的变化是为了适应环境。北极狐的足底有长毛，适合在北极那样的冰雪地面上行走。

— 耳朵非常灵敏，能听到雪下的旅鼠发出的声音。

皮毛的颜色随着季节而改变，冬季是白色的，夏季是灰黑色的。

⊙—— 四肢相对较长。

海里的大象:

海 象

　　海象被取了这样一个名字主要是由于它们长着一对和大象的象牙非常相似的犬齿。海象的皮很厚，有很多褶皱，它们的身体上还长着稀疏却坚硬的体毛。海象的鼻子短短的，耳朵上没有耳郭，看上去十分丑陋。那么，海象和陆地上的大象有什么不同呢？由于常年生活在水中，海象的四肢已经退化成鳍，不能像大象那样在陆地上行走。当海象上岸时，它们只能在地面上缓慢地移动。

海象

分类：食肉目海象科
食性：肉食性
体长：290 ～ 330 厘米
特征：有一对很长的"象牙"

海象为什么变了颜色

　　海象的表面皮肤在一般情况下是灰褐色或者黄褐色的，但是由于栖息环境的变化，身体皮肤的颜色也会发生改变。在冰冷的海水中浸泡一段时间之后，为了减少能量的消耗，海象的血液流速会减慢，所以皮肤就会变成灰白色，上了岸之后，血管膨胀，体表就变成了棕红色。

"象牙"是海象最典型的标志。

发达的犬齿有什么用

　　海象的最独特之处就是它的上犬齿非常发达。与其他动物不同，海象的这对"象牙"一直在不停地生长着，就像大象的两个长长的象牙一样。遇到危险的时候，"象牙"可以保护自己和攻击敌人，是它们最便捷的武器；寻找食物的时候，"象牙"还可以帮助它们在泥沙中掘取蚌、蛤、虾、蟹等食物；除此之外，在海象爬上冰面的时候，"象牙"还能把它们庞大的身躯固定在冰面上，就像两根登山手杖一样。

在觅食之外的时间里，海象喜欢在岸边的礁石上休息。

眼睛比较小，视力不是很好。

厚厚的皮下脂肪在潜水的时候可以保持体温。

23

沙漠之舟：

骆 驼

　　骆驼为什么能在沙漠生活呢？在自然条件较好的平原地带，人们驯养的家畜通常是马、牛等，而在炎热干旱的沙漠地带，人们驯养更多的则是骆驼。骆驼是一种神奇的动物，它们可能是最能够适应沙漠环境的哺乳动物之一了。在条件严酷的沙漠和荒漠中，骆驼能够适应干旱而缺少食物的沙土地和酷热的天气，而且颇能忍饥耐渴，每喝饱一次水后，可以连续几天不再喝水，仍然能在炎热、干旱的沙漠地区活动。骆驼还有一个神奇的胃，这个胃分为三室，在吃饱一顿饭之后可以把食物贮存在胃里面，等到需要再进食的时候反刍。可以说，骆驼这种奇妙的动物就是为沙漠而生的。

走到哪儿都背着两座"山"

　　骆驼的最大特点就是它们背上的驼峰。骆驼分为单峰驼和双峰驼，是骆驼属下仅有的两个物种。看到驼峰就会和它们可以长时间不饮水联想到一起，实际上驼峰并不是骆驼的储水器官，而是用来贮存沉积脂肪的，它是一个巨大的能量贮存库，为骆驼在沙漠中长途跋涉提供了能量，这在干旱少食的沙漠之中是非常有利的。

☑ 趣味测试
☑ 精美图文
☑ 影像科普
☑ 交流园地

扫码获取

如何防御沙尘

　　在沙土飞扬的沙漠中，骆驼依然能行走自如，不惧怕狂风与沙砾，是因为它们有精良的装备。骆驼耳朵里的长毛能有效地阻挡风沙的进入，而且它们有着双重眼睑，浓密的长长的睫毛也可以防止被风沙迷了眼睛。除此之外，骆驼的鼻子就像有一个自动开合的开关一样，在风沙来临时，能够关闭，抵挡沙土。这些装备让骆驼在沙漠中不惧风沙，毫无压力地长途跋涉。

双峰驼

分类： 偶蹄目骆驼科
食性： 植食性
体长： 约300厘米
特征： 身体有厚实的毛发，背部有两个驼峰

双峰驼的背上有两个驼峰，单峰驼则只有一个。

厚厚的毛发能帮助骆驼抵挡沙漠里的酷热和阳光。

鼻孔可以封闭，避免沙砾被风吹进鼻孔。

骆驼的脚掌又扁又宽，适合在松软的沙子中行走。

25

象征吉祥的鸟：

喜 鹊

　　古时候人们都希望每天早上一出门就能见到喜鹊，因为在中国喜鹊象征着吉祥、好运。喜鹊的体形很大，体长约50厘米，常见的羽毛颜色为黑白配色，羽毛上带有蓝紫色金属光泽，在阳光的照射下闪闪发光。喜鹊分布范围比较广泛，除南极洲、非洲、南美洲和大洋洲没有分布外，其他地区都可以看到它们的身影。它们可以在许多地方安家，尤其喜欢出没在人类生活的地方。但是喜鹊并没有想象中的那样好脾气，它们属于性情凶猛的鸟，敢于和猛禽抵抗。如果有大型猛禽侵犯它们的领地，喜鹊们会群起围攻，经过激烈的厮杀，使猛禽重伤甚至毙命。

喜鹊的家

　　在气候比较温暖的地区，喜鹊从3月份就开始进入繁殖期。一到繁殖的季节，雌鸟和雄鸟就开始忙着筑巢。喜鹊会选择把巢穴建在高大的乔木上，一般巢穴的位置在距离地面7～15米的地方。喜鹊的巢穴似球形，主要由粗树枝组成，其中混合了杂草和泥。为了更加舒适，它们在巢穴中还垫了草根、羽毛等柔软的物质。

喜鹊

分类：雀形目鸦科
食性：杂食性
体长：约50厘米
特征：颜色为黑色和白色，身
　　　上有蓝紫色的金属光泽

喜鹊的繁殖

　　可爱的喜鹊将自己的巢穴建造好以后就开始忙着繁殖后代了。它们产卵的时间一般在早晨，每窝可产卵 5 ~ 8 枚，卵呈蓝绿色或者灰白色，带有黑褐色斑点。产卵结束以后雌鸟就开始孵化，经过大约 17 天的孵化期，雏鸟就破壳而出了。刚出生的雏鸟还没有羽毛，身体呈粉红色，需要雌鸟细心照顾一个月左右才可以离巢。

喜鹊的头部、颈部、背部、尾部都呈黑色。

喜鹊的腹部是白色的。

27

最大的企鹅：

帝企鹅

在寒冷的南极生存着一群大腹便便的小可爱——帝企鹅。帝企鹅又称"皇帝企鹅"，是企鹅家族中个头最大的。最大的帝企鹅有120厘米高，体重可达50千克。帝企鹅长得非常漂亮，背后的羽毛乌黑光亮，腹部的羽毛呈乳白色，耳朵和脖子部位的羽毛呈鲜艳的橘黄色，给黑白色的羽毛一丝彩色的点缀。帝企鹅生活在寒冷的南极，它们有着独特的生理结构。帝企鹅的羽毛分为两层，能够阻隔外界寒冷的空气，也能保持体内的热量不散失。它们的腿部动脉能够按照脚部的温度来调节血液流动，让脚部获得充足的血液，使脚部的温度保持在冻结点之上，所以帝企鹅可以长时间站立在冰上而不会被冻住。

大海中振翅游泳的冠军

帝企鹅常常需要下海捕鱼，非常擅长游泳，游泳速度每小时6～9千米，它们还可以在短距离达到每小时19千米的速度。在捕食时，它们会反复潜入水里，每次最长可以维持15～20分钟，最深可以下潜到565米的深海。

帝企鹅

分类：企鹅目企鹅科
食性：肉食性
体长：100～120厘米
特征：身材矮壮，耳部有橘黄
　　　色的斑纹

扫码获取
☑ 趣味测试
☑ 精美图文
☑ 影像科普
☑ 交流园地

脚上的摇篮

虽然企鹅世代生存在寒冷的南极，但是企鹅蛋不能直接放在冰面上，这样会冻坏企鹅宝宝的。雄企鹅会双脚并拢，用嘴把蛋滚到脚背上，然后用腹部的脂肪层把蛋盖上，就像厚厚的羽绒被一样，为宝宝制造一个温暖的摇篮。

缺少味道的世界

爱吃鱼的企鹅其实并不知道鱼的鲜美。企鹅们早在 2000 万年前就失去了甜、苦和鲜的味觉，只能感受到酸和咸两种味道。它们的味蕾很不发达，舌头上长满了尖尖的肉刺，这些特征说明它们的舌头主要不是用来品尝味道的，而是用来捕捉猎物的，捉到猎物后一口吞下，似乎并不在意食物的味道。

帝企鹅的外层羽毛是细长的管状结构。

雄帝企鹅腹部下方有一块可以孵卵的皮肤。

29

优雅的"白衣天使"：

白 鹭

　　白鹭属于鹭科白鹭属，是中型涉禽，喜欢生活在沼泽、稻田、湖泊和河滩等处，分布在非洲、欧洲、亚洲及大洋洲。白鹭体形纤瘦，浑身羽毛洁白，喙部尖长，以各种鱼、虾和水生昆虫为食。它们会成群出发，然后各自捕食、进食，互不打扰，也会成群飞越沿海浅水追寻猎物，晚上回来时排成整齐的"V"形队伍。每年的5～7月是白鹭的繁殖期，它们和大部分种类的鹭一样，都是通过炫耀自己的羽毛来进行求偶的。它们喜欢成群地在海边的树杈上筑巢，巢穴构造简单，由枯草茎和草叶构成，呈碟形，离地面较近，最高的也不超过一米。它们的卵呈淡蓝色，椭圆形，每窝产卵2～4枚，孵化期为24～26天，由雌鸟和雄鸟共同孵化、育雏。

白鹭

分类： 鹳形目鹭科
食性： 肉食性
体长： 约56厘米
特征： 全身羽毛为白色

白鹭的美

　　白鹭是一种非常美丽的水鸟，古代就有诗句"两个黄鹂鸣翠柳，一行白鹭上青天"来赞美白鹭的优雅与美丽，让后人想象其中的诗情画意。白鹭身体修长，有细长的脖子和腿，全身羽毛洁白无瑕，就像白雪公主，许多经典国画中都能看到白鹭展开翅膀、直冲云霄的美丽画面。

优美的捕食姿势

　　白鹭喜欢捕食浅水中的小鱼。每次捕鱼时，它们都会走进浅水区，然后把脖子折起来，再将身体的重心放低，身体前倾，保持这个动作等待时机，这是白鹭标准的捕鱼动作。有时候白鹭刚刚准备好还没有下去捕鱼就失去了良机，这时就要放松身体，在水边散散步，换个地方继续等待。白鹭捕鱼是个漫长的过程，几次尝试中总会有一次捕到鱼的。

头后面有长长的羽毛。

白鹭纤细的腿部及脚部是黑色的。

森林的医生：

啄木鸟

在寂静的森林里，如果听到像有人正在敲门一样的声音，那就是一种非常特别的鸟正在用它们坚硬的喙敲打树干，它们就是啄木鸟。啄木鸟是鸟纲䴕形目啄木鸟科鸟的统称。这些鸟的头部比较大，喙部像凿子一样笔直而坚硬。它们用喙敲打树干其实是为了寻找躲藏在树干里面的昆虫。它们把尾巴当作支撑，用锋利的脚爪抓住树干，然后用坚硬的喙啄开树皮，把树干里面躲藏着的幼虫用细长的舌头钩出来吃掉。因为它们的主要食物是危害树木的昆虫，所以人们把啄木鸟叫作"森林医生"。

坚硬的喙，能像凿子一样剥开树皮。

啄木鸟的听觉十分灵敏，它们就是靠听觉寻找树皮下的猎物的。

啄木鸟的爪子非常有力，能抓住树皮在树干上攀爬。

尾巴在啄木鸟敲击树干的时候能稳稳地撑住身体。

啄木鸟

分类: 䴕形目啄木鸟科
食性: 杂食性
体长: 20 ~ 24 厘米
特征: 喙十分坚硬

我的脑袋不怕震

啄木鸟敲击树干的速度非常快,每秒能啄 15 ~ 16 次!为了避免冲击力伤害到脆弱的大脑,啄木鸟的头骨进化得十分坚固,它们大脑周围的骨骼结构类似海绵,里面含有液体,有着良好的缓冲和减震作用。这样一来,啄木鸟敲击树干所产生的冲击力就会被完美地吸收掉,不会对它们产生任何不利的影响。

美味藏在树干里

啄木鸟喜欢吃的昆虫大多躲藏在树干或者树洞里。它们围绕着树干攀爬,寻找幼虫可能藏身的地方。啄木鸟的食量很大,成年的啄木鸟每天能吃掉数百只到上千只昆虫。

每年都要住新房子

在繁殖的季节,雄性啄木鸟会大声鸣叫,并且用喙部敲击空树干和金属等东西,发出很大的响声,以此来炫耀自己,吸引雌性啄木鸟的目光。如果两只啄木鸟结成了伴侣,它们就会共同寻找一棵树芯已经腐烂的大树,在树干上面啄出一个树洞来当作巢穴。每一年的繁殖季节,啄木鸟都会啄一个新的树洞。两只啄木鸟会共同孵卵,大约两周,小啄木鸟就破壳而出啦!

33

有力的翅膀可以快速地扇动，
发出"嗡嗡嗡"的声音。

世界上最小的鸟：

蜂　鸟

　　之所以叫它们为蜂鸟，是因为它们扇动翅膀的声音和蜜蜂"嗡嗡嗡"的声音非常相似。蜂鸟是世界上所有的鸟中体形最小的，所以它们的骨架不易于形成化石保存下来，迄今为止，它们的演化史还是个谜。别看它们的身躯小小的，却蕴藏着惊人的能量。只要有足够的花朵和花蜜，它们在任何的陆地环境下都能够生存，它们的生命力很顽强，是一般的鸟所不能企及的。

蜂鸟

分类： 雨燕目蜂鸟科
食性： 杂食性
体长： 约几厘米到十几厘米不等
特征： 颜色艳丽，有细长的喙，能做出悬停和倒退的飞行动作

飞行能手

　　蜂鸟是不折不扣的飞行能手，它们的翅膀扇动快速而有力，每分钟可以扇动 15 ～ 80 次，具体次数根据蜂鸟的体形大小而决定。蜂鸟还可以在空中徘徊"停飞"，甚至还能够倒着飞。蜂鸟和雨燕有着比较近的亲缘关系。

蜂鸟的喙又细又长，有的向下弯曲。

蜂鸟身披鲜艳的羽毛。

羽毛颜色鲜艳

　　蜂鸟的体形娇小，身体被鳞状的羽毛所覆盖。它们的羽毛颜色各异，而且非常鲜艳，有蓝色的，有绿色的，有红色的，还有黄色的，等等。其中，雌鸟的羽毛颜色相比雄鸟的要暗淡一点，但也是很漂亮的。

模范爸爸:
海 马

海马是一种生活在海藻丛或珊瑚礁中的小型鱼，因为头部的外观看起来和马相似而得名。海马用吸入的方式捕食，一般在白天比较活跃，到了晚上则呈静止状态。

海马通常喜欢生活在水流缓慢的珊瑚礁中，大多数海马生活在河口与海的交界处，能够适应不同盐度的水域，甚至在淡水中也能存活。海马游不快，它们的行动非常缓慢，通常用它们卷曲的尾巴缠绕在珊瑚或海藻上以固定自己，以免被水流冲走。

海马的运动方式

海马将身体直立于水中，靠着背鳍和胸鳍以每秒 10 次的高频率摆动来完成其游泳的动作。不过它游泳的速度非常慢，每分钟只能游 1 ～ 3 米。

海马

分类: 刺鱼目海龙科
食性: 肉食性
体长: 约 15 厘米
特征: 头部类似马头，依靠背鳍和胸鳍游泳

36

奇特的繁殖方式

　　海马是一种由雄性完成孵化过程的动物。雄性海马的腹部长有育子囊，繁殖期时，雌海马会将卵子排到育子囊中，然后由雄海马给这些卵子受精，雄海马会一直将这些受精卵保存在育子囊里，等待小海马孵化出来长到可以自立的时候，再把这些幼崽释放到海里。

海马的嘴巴像一根管子，它们利用这根管子将微小的浮游生物吸进嘴里。

身体表面的皮肤比较坚韧。

尾巴很灵活，能钩住水草或者其他东西来固定自己。

高超的伪装大师：

叶海龙

在澳大利亚南部和西部浅海的海藻丛中，生活着世界上最高超的伪装大师——叶海龙。它们的整个身体都与海藻丛融为一体，如果不仔细观察的话，你只能看到一丛丛随着海流摇曳的海藻。

叶海龙是海洋世界中最让人惊叹的生物之一，它们拥有美丽的外表和雍容华贵的身姿，主要生活在比较隐蔽和海藻密集的浅水海域，身上布满了海藻形态的"绿叶"。这些"绿叶"其实是其身上专门用来伪装的结构，在海水的带动下，身上的"叶子"随着水流漂浮，泳态摇曳生姿，真可以称得上是世界上最优雅的泳客。

雄性生宝宝

叶海龙和海马一样，由雄性承担孕育和孵化小叶海龙的职责。每到它们交配的时候，雌性叶海龙就会把排出的卵转移到雄性叶海龙尾部的卵托上，雄性会小心翼翼地保护好自己的卵宝宝。大概6～8周之后，雄性叶海龙将卵孵化成幼体叶海龙。但令人惋惜的是，在残酷的大自然中，只有大约5%的卵能够幸运地存活下来。幼年叶海龙一出生，就完全独立了，它们吃一些小的浮游生物。

叶海龙
分类： 海龙目海龙科
食性： 肉食性
体长： 约45厘米
特征： 身体上有大量的树叶状
结构，非常美丽

杰出的伪装大师

　　叶海龙可以说是海洋中当之无愧的伪装大师，它们在保持不动的静止状态下是很难被发现的。其身体上长着许多像海藻一样的附肢，这些附肢在水流的作用下自由地、无拘束地漂荡，与众多海藻融为一体，使掠食者很难发现它们的行踪。

眼睛可以自由转动。

嘴巴呈管状，用以吸取捕捉小型甲壳动物。

小小的背鳍是它们主要的动力来源之一。

身上有很多像叶片一样的凸起物。

雄性叶海龙将受精卵附着在这里，等待它们孵化。

凶猛的大洋霸主：

大白鲨

　　大白鲨是现存体形最大的捕食性鱼，长达6米，体重约1950千克，雌性的体形通常比雄性的大。大白鲨广泛分布于全世界水温在12～24℃的海域中，从沿岸水域到1200米的深海中都能见到它的身影。幼年的大白鲨主要以鱼类为食，长大一些之后开始捕食海豹、海狮、海豚等海洋哺乳动物，也捕食海鸟和海龟，甚至啃噬漂浮在海面上的鲸尸。捕猎时，大白鲨喜欢从正下方或者后方以超过40千米/时的速度突然袭击猎物，猛咬一口后退开等待，在猎物因失血过多而休克或死亡时，再来大快朵颐。

鲨鱼的皮肤

　　鲨鱼的皮肤分泌大量黏液，既可以减少游泳阻力，还能防止寄生虫的侵袭，为鲨鱼的身体提供一定的保护。鲨鱼的皮肤表面布有细小的盾鳞。虽然叫作"鳞"，但盾鳞的结构却与牙齿同源，内部有像牙髓腔一样布满血管的空腔，外表包裹着坚硬的牙本质，表面还有一层牙釉质。因此，说大白鲨"全身都是牙"也不为过。这些细小的"牙齿"使得鲨鱼的皮肤逆向摸起来就像砂纸一样粗糙。

扫码获取
☑ 趣味测试
☑ 精美图文
☑ 影像科普
☑ 交流园地

大白鲨的牙齿呈三角形，边缘有锯齿，非常锋利。

大白鲨

分类： 鼠鲨目鲭鲨科
食性： 杂食性
体长： 约6米
特征： 体形庞大，牙齿十分锋利

腹部的颜色比较浅，背部的颜色比较深，这样的体色可以让它们隐藏在海水中不被猎物发现。

温血的"鱼雷"：
金枪鱼

　　金枪鱼生活在低中纬度海域，在印度洋、太平洋与大西洋中都有它们的身影。金枪鱼体形粗壮，呈流线型，像一枚鱼雷。它们有力的尾鳍呈新月形，为它们在大海中快速冲刺提供了强大的动力，是海洋中游速最快的动物之一，平均速度可达60~80千米/时，只有少数几种鱼能够和它们一较高下。鱼类大部分是冷血动物，金枪鱼却可以利用泳肌的代谢使自己的体温高于外界水温。金枪鱼的体温能比周围的水温高出9℃，它们的新陈代谢十分旺盛，为了能够及时补充能量，金枪鱼必须不停地进食。它们食量很大，乌贼、螃蟹、鳗鱼、虾等各种各样的海洋生物都能成为它们的食物。

巨大的金枪鱼

　　2015年1月，一位女渔民钓到了她一生中遇到的最大的金枪鱼——一条重达411.5千克的太平洋蓝鳍金枪鱼，它的体形足以达到小象的两倍大！她努力了近4小时才将这条金枪鱼拖到船上。据估算，这条巨大的金枪鱼足以做出3000多罐罐头。蓝鳍金枪鱼是世界上最大的金枪鱼，它们的寿命约为40年。

金枪鱼的眼睛很大，它们的视力很好。

美味的金枪鱼

　　金枪鱼肉质软嫩鲜美，含有铁、钾、钙、镁、碘等多种微量元素，还有人体中所必需的8种氨基酸。它们的蛋白质含量很高，但脂肪含量很低，因此还被美食爱好者称为"海底鸡"。金枪鱼堪称生鱼片中的佳品，是很多人喜欢的海鲜料理之一。

发达的尾鳍让金
枪鱼能以极快的
速度游泳。

胸鳍较长。

金枪鱼
分类: 鲈形目鲭科
食性: 肉食性
体长: 可达 2.4 米
特征: 身体呈流线型,有新月
形的尾鳍

口中的利齿：

海　鳗

　　水下的世界光怪陆离，到处充斥着神秘的气息。在昏暗的海底，凶猛的海鳗可谓是水下的霸王。海鳗有着锋利的牙齿，能够适应不同的海水盐度，在珊瑚礁区域或者红树林中以及河口的低盐度水域都能看到海鳗的身影。它们的身体构造非常适合生活在环境复杂的珊瑚礁或者红树林中，柔软的身体可以自由地在障碍物之间蜿蜒穿行，像蛇一样。它们是凶猛的肉食性鱼类，游速极快，喜欢栖息于洞中，经常在夜间出没捕食，虾、蟹、鱼等都是它的美味。

海鳗是有胸鳍的。

头部比较狭长，嘴巴
里面有锋利的牙齿。

海鳗

分类： 鳗鲡目海鳗科
食性： 肉食性
体长： 约 2.2 米
特征： 嘴巴比较大，嘴里有锋
利的牙齿

背鳍一直延伸
到尾部末端。

柔软的身体表面布满了
黏液，黏液具有保护自
己的作用。

合作捕猎方式

　　有一些记录认为海鳗和石斑鱼是捕猎时的合作
伙伴，它们属于两个不同的物种，这在动物界是罕
见的现象。石斑鱼使用一些肢体语言给海鳗发出信
号，如果海鳗接受了石斑鱼的邀请，它们在捕猎中
将分担不同的任务，相互沟通从而达成合作。石斑
鱼在礁石外围将小鱼逼近礁石的缝隙，海鳗负责捕
捉岩缝中的鱼，并且将鱼从缝隙中赶出去，逃出去
的鱼就成了石斑鱼的美味。海鳗隐藏在珊瑚礁中，
石斑鱼则在外围游荡，它们合作捕猎的成功率要比
单独行动时高得多。不过这种合作方式是否存在依
然有待研究人员的证实。

蝴蝶鱼

蝴蝶鱼广泛分布于世界各温带和热带海域,大多数生活在印度洋和西太平洋地区。这里有着美丽的珊瑚礁海域,是蝴蝶鱼的家。蝴蝶鱼体形较小,是一种中小型的鱼,其特征是在身体的后部长有一个眼睛形状的斑点。蝴蝶鱼大多有着绚丽的颜色,有趣的是,它们的体色会随着成长而发生变化,即使是同一种蝴蝶鱼,幼年和成年的时候也"判若两鱼"。

蝴蝶鱼一般在白天出来活动,寻找食物、交配,到了晚上就会躲起来休息。它们行动迅速,胆子小,受到惊吓会迅速躲进珊瑚礁中。蝴蝶鱼的食性变化很大,有的从礁岩表面捕食小型无脊椎动物和藻类,有的以浮游生物为食,有的则非常挑食,只吃活的珊瑚虫。

在哪儿能看见蝴蝶鱼

蝴蝶鱼生活在热带到温带水域的海洋中,有时也可以在半咸水的河口或封闭的港湾见到它们。它们喜欢沿着岩礁陡坡游动,在海中,也可以在浅水处的珊瑚礁附近见到它们,还有一些会出现在200米以下的深水中。蝴蝶鱼的幼鱼和成鱼常常活动在不同的区域,一些研究学者认为,蝴蝶鱼原来很可能是生活在海洋表层的鱼而并非珊瑚礁鱼。

蝴蝶鱼

分类: 鲈形目蝴蝶鱼科
食性: 肉食性
体长: 约 20 厘米
特征: 身体上有橙黄色的条纹,后部有一个黑色斑点

身体后面长了眼睛吗

　　一些种类的蝴蝶鱼身体后半部分长着一个扭曲的眼状斑点，这个斑点和眼睛很像，但却长在和眼睛相反的位置。为了弄清这个斑点的作用，科学家们利用一些肉食鱼进行了实验，结果发现这些肉食鱼通常会主动攻击模型上带有眼斑的一端。因此科学家认为蝴蝶鱼的眼点主要是为了引诱敌人找错攻击位置的，这样能够增加被攻击后的幸存概率。

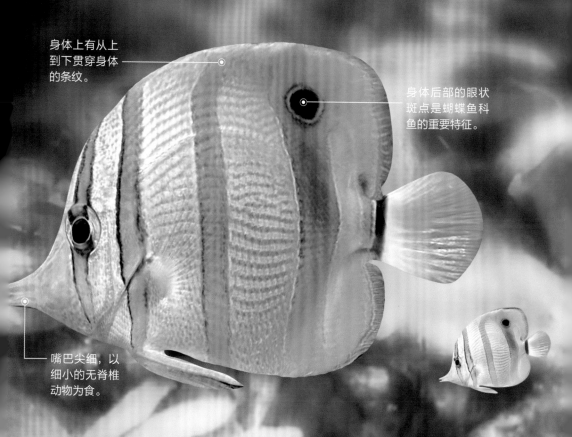

身体上有从上到下贯穿身体的条纹。

身体后部的眼状斑点是蝴蝶鱼科鱼的重要特征。

嘴巴尖细，以细小的无脊椎动物为食。

离开水的鱼：
弹涂鱼

　　潮水退去，红树林的泥滩上有一些小鱼在蹦蹦跳跳，有的还在爬行，它们是搁浅了吗？其实它们并没有搁浅，这些小鱼的家就在这里，它们的名字叫作弹涂鱼。

　　世界上共有25种弹涂鱼，我国常见的有弹涂鱼、大弹涂鱼和青弹涂鱼等种类。弹涂鱼生活在靠近岸边的滩涂地带，它们生命力顽强，能够生存在恶劣的水质中。只要保持湿润，弹涂鱼离开水后也可以生存。在陆地上它的鳍起到了四肢的作用，可以像蜥蜴一样爬行。在急躁或者受到惊吓时，它们还可以用尾巴敲击地面，让自己跳跃起来。每到退潮时就会看到一群弹涂鱼在滩涂地带的泥滩上跳跃、追逐，是非常有趣的。

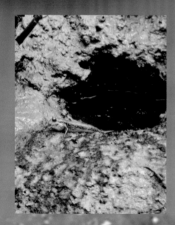

弹涂鱼的洞

　　退潮以后滩涂很快就会干涸，弹涂鱼不能离开水太久，因此它们需要一个洞来帮助呼吸。它们会在滩涂上挖洞，一直挖到水线以下然后再挖上来，整个洞呈"U"字形。这个洞除了可以避难和提供氧气以外，还可以当抚育室。但是当弹涂鱼把卵安放在洞里的时候，常常会发生缺氧的状况，所以成年的弹涂鱼不得不一口一口地往洞中吹气。在退潮时，洞口会被淹没，清理洞口也是非常必要的，因此弹涂鱼为了生存每天要不停地忙碌。

弹涂鱼吃什么

　　除了捕食小鱼小虾，弹涂鱼还会吃泥土中的有机质，小昆虫也是它们喜欢的食物之一。弹涂鱼生活在近海岸的滩涂上，每到退潮以后就会看见它们在滩涂上跳跃觅食。它们会把自己的嘴巴贴在泥滩表面，像耕田似的吸食底栖藻类。在滩涂上成群觅食的弹涂鱼密密麻麻形成一片，场面非常壮观。

弹涂鱼

分类：鲈形目虾虎鱼科
食性：杂食性
体长：约 20 厘米
特征：身体呈褐色，有蓝色的
　　　斑点

眼睛鼓起，很像
青蛙的眼睛。

鳃部鼓起，里面可
以储存空气和水。

弹涂鱼的胸鳍可以
用来爬行。

在海滩上，弹涂鱼
经常高高跃起，向
同类展示自己。

49

最快的鱼：

旗　鱼

　　它们身形似剑，尾巴弯如新月，吻部向前突出像一把长枪，最具标志性的特点就是它们发达的背鳍，高高的背鳍就像是船上扬起的风帆，又像是被风吹起的旗帜。它们是海洋中游泳速度最快的鱼。它们就是旗鱼。

　　旗鱼性情凶猛，游泳敏捷迅速，能够在辽阔的海洋中像箭一般地疾驰。它们是海洋中凶猛的肉食性鱼，常以沙丁鱼、乌贼、秋刀鱼等中小型鱼为食。旗鱼大多分布于大西洋、印度洋及太平洋等水域，属于热带及亚热带大洋性鱼，具有生殖洄游的习性。

旗鱼可以吃吗

　　旗鱼是可以食用的，而且它们的肉质鲜美，营养价值很高，非常适合做上等生鱼片等料理，它们的味道以及颜色让人垂涎三尺。不过作为位于食物链顶端的大型掠食鱼，旗鱼的肉中富集大量的汞，如果长期食用旗鱼会对身体产生危害。所以尽管旗鱼美味，但还是不能贪吃。

剑形的吻部是旗鱼用来捕猎和攻击敌人的最好武器，甚至能将木船刺出一个洞来。

旗鱼的速度有多快

　　天上的雨燕飞得最快，陆地上的猎豹跑得最快，那么海里的什么动物游得最快呢？游泳界的冠军那一定非旗鱼莫属了，它们可是吉尼斯世界纪录中速度最快的海洋动物，最快速度可达每小时 190 千米！旗鱼的吻部像一把长剑，可以将水向两边分开；背鳍可以在游泳时放下，减少阻力；游泳时用力摆动的尾鳍就好像船上的推进器；加上它们流线型的身躯，这些结构特点使它创造出游速的最高纪录。

背鳍像一面旗子，
是旗鱼的典型特征。

旗鱼

分类：鲈形目旗鱼科
食性：肉食性
体长：约 3 米
特征：吻部呈剑形，背鳍像一
　　　　面旗子

海里的"狮子"：

海 狮

　　海狮是一种海洋哺乳动物，因为有些种类的脖子上有与狮子相似的鬃毛而得名。它们经常在海边的礁石上晒太阳，用前肢支撑着身体，瞪着圆圆的眼睛望向远方，看上去很是可爱。海狮和海豹都属于哺乳动物中的鳍足类，为了方便在海中活动，四肢都已演化成鳍的模样。聪明的海狮没有固定的生活区域，哪里有食物就待在哪里，各种鱼、乌贼、海蜇和蚌都能让它们美餐一顿，磷虾是它们最爱的食物。有时候它们会吞掉一些石子来帮助消化。海狮是非常社会化的动物，有各种各样的通信方式，它们还具备高超的潜水本领，经常帮助人类，在科学和军事上都起到了重要的作用。

一夫多妻制的海狮

　　海狮的社会实行一夫多妻制，每年的 5 ～ 8 月，一只雄海狮会和 10 ～ 15 只雌海狮组成一雄多雌群体。雄海狮会在海岸选好地点，雌海狮就纷纷赶来，它们互相争抢配偶，身强力壮、本领高强的雄海狮会受到更多雌海狮的欢迎。当它们组成群体后不会马上交配，因为这时的雌海狮已经怀孕很久了，它们要先生下肚子里的小海狮，一段时间之后才开始交配。雌海狮受孕以后就会离开群体，等到下一年的繁殖季节再次生产。

海狮

分类：食肉目海狮科
食性：肉食性
体长：约 2 米
特征：四肢像鳍一样，有小小的外耳郭

海狮有一对小小的外耳，这是它们与海豹的明显区别之一。

53

最聪明的海洋动物：
海 豚

　　在人们的心目中，海豚就像孩子一样可爱，脸上总是带着温柔的笑容。在海洋生物中，海豚可以说是人气最高、最受欢迎的一种了，它们是海洋中智力最高的动物，有着非常强大的学习能力，像人类一样成群生活在一起，还能发展出从十几条到上百条的大规模族群，族群里有时候甚至还会混进其他种类的海豚或者鲸。海豚甚至还会使用工具，它们会互相帮助，如果一只海豚受伤昏迷了，其他海豚会一起保护它。

海豚需要睡觉吗

　　海豚属于哺乳动物，它们的祖先最开始栖息于陆地上，后来才变得适应水中生活。海豚始终用肺呼吸，如果长时间在水中不动，它们就会窒息而死。海豚在游泳时，它们的某一边大脑会处于睡眠状态。它们虽然保持着持续游泳的状态，但左右两边的脑部却在轮流休息。

海豚与渔夫

　　渔民捕鱼的时候，海豚经常会跟随在渔船的周围，伺机捕食因渔网驱赶而离群的鱼。在非洲的一些海岸，聪明的海豚甚至和渔夫达成了某种"交易"：海豚们将鱼群驱赶到岸边的网中，帮助渔夫们捕获整群的鱼，而自己则看准时机将那些逃出渔网慌不择路的鱼吃进肚子里。

鼻孔位于头顶上，
这是鲸豚类的共同点。

海豚的表情看上
去像是在微笑。

海豚的智商有多高

　　在海洋馆里，我们经常看到海豚做出各种各样
的高难度动作，这足以证明海豚是高智商的海洋动物。
海豚的脑部非常发达，不但大而且重，大脑中的神经
分布相当复杂，大脑皮质的褶皱数量甚至比人类还多，
这说明它们的记忆容量和信息处理能力都与灵长类不
相上下。

背着硬壳的"清道夫"：

陆寄居蟹

　　我们在热带地区的沙滩上和岩石缝中常常会见到一些身上背着重重的壳的小家伙，它们的名字叫作寄居蟹。虽然被称为蟹，但是它们和螃蟹有很大的不同。螃蟹的腹部有坚硬的甲壳，而它们的腹部柔软脆弱，需要寻找坚硬的甲壳来保护自己，也正是因为它的这种习性，才有了"寄居蟹"这样形象的名字。寄居蟹的种类有上千种，通常在夜间觅食。到了白天，它们就躲起来寻求安全。寄居蟹的食性很杂，几乎什么都吃，所以也被称为"海边清道夫"。

被海水滋养的陆寄居蟹

　　虽然陆寄居蟹在陆地上生活，但是它们与大海的关系并未完全断绝。它们的鳃部需要有适当的湿度才能够完成呼吸，它的生命周期中有一部分还是必须在海中完成的，就是由产卵到孵化再到幼体的阶段。产卵的陆寄居蟹会携带着它的卵回到海中，让卵在海水中孵化。等到蟹宝宝们变成幼蟹的模样之后，会寻找一只螺壳返回陆地。它们的一生都无法远离海岸线。

经常搬家的寄居蟹

　　寄居蟹的螺壳是抢来的，它们会吃掉软体动物的肉，将壳据为己有。随着它们身体渐渐长大，原来的螺壳不够住了，就需要寻找更大的螺壳来作为自己的新家。它们会找寻同类，使用武力抢夺螺壳，攻击者推翻对手，使其仰面朝天，并仔细观察是否适合自己居住。如果的确喜欢这"华丽的城堡"，寄居蟹就会顺势把失败者拽出壳，然后自己挤进去，这就是它们的抢夺技巧。

陆寄居蟹

分类： 十足目陆寄居蟹科

食性： 杂食性

体长： 5 ~ 8 厘米

特征： 背着坚硬的螺壳来保护
柔软的腹部

寄居蟹需要利用坚硬的螺壳
来保护自己。

有两对步足
用来爬行。

螯足一大一小，大的螯足
在其缩回螺壳里的时候用
来堵住螺壳的开口。

既威武又美味:

龙 虾

　　在珊瑚和礁石丰富的热带、亚热带海域，生活着各种美丽的生物，其中最威武的，可能就要数龙虾了。龙虾们披着坚硬的外壳，头上挥舞着两条长长的带刺的触角，仿佛在向其他生物示威。当遇到危险的时候，它们会通过触角与外骨骼之间摩擦发出一种尖锐的摩擦音来把对手吓走。龙虾的泳足除了可以游泳还可以用来保护自己的卵，雌性龙虾的腹部可以携带100万颗卵。龙虾的成长需要经历数次蜕皮的过程，生长周期在10年以上。

龙虾的日常生活

　　龙虾只喜欢在夜间活动，它们喜欢群居，有时会成群结队地在海底迁徙。它们大多数时候并不活泼，很安静，喜欢藏身于礁石和珊瑚丛里，有猎物经过的时候才会扑出来捕食。龙虾的食物以贝类和螺类为主。

龙虾的两条触角非常长，上面有小刺。

龙虾

分类： 十足目龙虾科
食性： 肉食性
体长： 约60厘米
特征： 身体表面有小刺，触角又粗又长

步足比较结实，适合在礁石和岩石上爬行。

历尽艰辛的成长历程

　　龙虾从卵孵化之后，叫作叶形幼体。经过十多次的蜕皮，它们才会告别叶形幼体的状态，变成小小的龙虾模样.这个简单的蜕变要经历 10 个月的漫长时光，这时的幼虾体长约 3 厘米，整个身体看上去像是透明的。它还要经历数次蜕皮，每年体长会增长 3 ~ 5 厘米，从幼虾长到成年龙虾大约需要 10 年的时间。这是一个相当长的成长周期。

腹部力量强大。

宽大的尾扇
适合游泳前行。

一肚子"墨水"：

乌　贼

　　乌贼又叫"墨鱼"，它们在世界的各大洋中都有分布，在深海和浅海都有它们的身影。乌贼和鱿鱼、章鱼、鹦鹉螺一样，都属于海洋软体动物，它们不是鱼类。乌贼种类多样，体长跨度较大，大型乌贼体长约10米，而小型乌贼只有约15厘米。

　　乌贼身体分为头、足和躯干三部分。头前端是口，口的四周有五对腕足，眼睛位于头的两侧。它们的躯干里面有一个石灰质的硬鞘，这是乌贼已经退化了的外壳。在乌贼的腹中有一个墨囊，里面储存着漆黑的汁液，遇到危险时迅速地将墨汁喷出，使周围的海水变得一片漆黑，它们便趁机逃脱。

乌贼有 10 条腕足，其中两条特别长，用来突然出击捕捉猎物。

乌贼

分类： 乌贼目乌贼科

食性： 肉食性

体长： 小型乌贼约 15 厘米，
　　　　大型乌贼约 10 米

特征： 身体呈长圆形，体内有
　　　　一块硬质骨骼

墨囊隐藏在躯干中，遇到危险时会喷射出黑色的汁液。

眼睛长在头部的两侧，非常大。

嘴巴长在触手的中心。

乌贼吃什么

　　有些乌贼生活在深海，稳定的肌红蛋白是其生存的必备要素。虾青素是高强度的抗氧化剂，能够保证肌红蛋白的稳定性，因此乌贼主要捕食小鱼、小虾或一些软体动物，从这些小动物身上摄取虾青素。为了争夺食物，有的大型乌贼甚至会从体型庞大的抹香鲸嘴里抢食。

聪明的软体动物：

章 鱼

在危机四伏的海洋世界里，想要生存下去可不是一件容易的事。章鱼凭借着它们独特的聪明头脑在海底悠闲地生活着。章鱼是海洋中的一类软体动物，它们的身体呈卵圆形，头上长着大大的眼睛，最特别的是头上生出8条可以伸缩的腕足，每条腕足上都有两排肉乎乎的吸盘，这些吸盘能够帮助它们爬行、捕猎以及抓住其他东西。章鱼身为软体动物，浑身上下最硬的地方就是牙齿了，它们口中有一对尖锐的角质腭及锉状的齿舌，可以钻破贝壳取食其肉。除了贝壳，它们也吃虾、蟹等。章鱼生活在海底，海水的盐度过低会导致它们死亡。不过在海中最大的威胁还是将它们视为盘中餐的天敌们。

章鱼会变色吗

这个答案是肯定的。章鱼的皮肤表面分布着许多色素细胞，每个细胞中都含有一种天然色素，包括黄色、红色、棕色或黑色。当章鱼将这些色素细胞收紧时，颜色就展现出来了。它们可以收缩同一种色素细胞来变换颜色，从而躲避掠食者，这在水下是一种很好的伪装。

眼睛很发达，有良好的视力。

章鱼的腕很灵活，就像人的手一样，可以帮助它们获取食物、搬动石块或者抵御天敌。

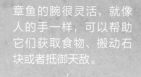

章鱼

分类：八腕目章鱼科
食性：肉食性
体长：小型章鱼约5厘米，大型章鱼约5米
特征：有8条腕足，头部有比较大的眼睛

惊人的高智商

　　章鱼有三个心脏与两套记忆系统。其中一套记忆系统掌控大脑，另一套与吸盘相连。它们复杂的大脑中有5亿个神经元，身上还具备许多敏感的感受器，这些复杂的构造使章鱼具备高于其他动物的智商。经过试验研究发现，章鱼具有独自学习的能力，还具备独自解决复杂问题的思维。作为一种无脊椎动物，章鱼的智商十分惊人。

章鱼的墨汁

　　为了逃避天敌的追杀，动物们的逃跑技能可谓五花八门。章鱼将水吸入外套膜用来呼吸，在受到惊吓时它们会从体管喷出一股强劲的水流，帮助其快速逃离。如果遇到危险，它们还会喷出类似墨汁颜色的物质，就像是扔了个烟幕弹，用来迷惑敌人。有些种类的章鱼喷出的墨汁还带有麻痹作用，能够麻痹敌人的感觉器官，自己则趁机逃跑。

与乌贼不同，章鱼有8条腕足，乌贼则有10条。

漏斗喷水是章鱼游泳的主要动力。

美丽的水中舞者：

水　母

　　水母属于刺胞动物门，是一种古老的生物，早在6.5亿年前就已经存在于地球上了。水母遍布于世界各地的海洋之中，比恐龙出现得还要早。水母通体透明，主要成分是水。它们的外形就像一把透明的伞，根据种类不同，伞状的头部直径最长可达2米。头部边缘长有一排须状的触手，触手最长可达30米。水母透明的身体由两层胚体组成，中间填充着很厚的中胶层，让身体能够在水中漂浮。它们在游动时，体内会喷出水来，利用喷水的反推力前进。有些水母带有花纹，在蓝色海洋的映衬下，就像穿着各式各样的漂亮裙子，在水中跳着优美的舞蹈，灵动又美丽。

软绵绵没有牙齿，水母吃什么

　　水母属于肉食性动物，主要以水中的小型生物为食，如小型甲壳类、多毛类或鱼类。水母虽然长得温柔，但是发现猎物后，从来不会手下留情。它们伸长触手并放出丝囊将猎物缠绕、麻痹，然后送进口中。水母口中分泌的黏液可以将食物送进胃腔，胃腔中有大量的刺细胞和腺细胞，它们将猎物杀死并消化，消化后的营养物质通过各种管道送到全身，未消化的食物残渣从口排出。

可怕的水母也有朋友吗

　　就像犀牛有犀牛鸟一样，在浩瀚的海洋中，水母也有好朋友。它们是一种被叫作小牧鱼的双鳍鲳，体长不到7厘米，小巧灵活，能够在大型水母的毒丝下自由来去。小牧鱼将水母当作保护伞，遇到大鱼就躲到水母的毒丝中，不仅保护了自己，还为水母引来了大量的猎物，从而吃到水母吃剩下的残渣，一举两得。

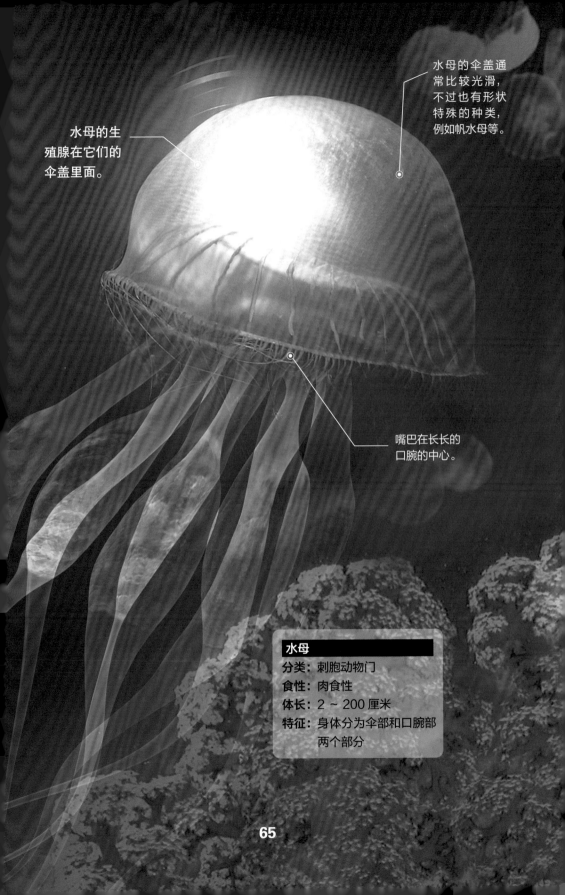

水母的生殖腺在它们的伞盖里面。

水母的伞盖通常比较光滑，不过也有形状特殊的种类，例如帆水母等。

嘴巴在长长的口腕的中心。

水母

分类：刺胞动物门
食性：肉食性
体长：2 ~ 200 厘米
特征：身体分为伞部和口腕部
　　　两个部分

65

生活在树上的蛙：

树　蛙

　　树蛙可爱极了，就像它们的名字那样，它们是一群生活在树上的绿色的小家伙。它们成年以后基本都会在树上生活，有些种类也会栖息在低矮的灌木或草丛中。树蛙的身体稍扁，四肢细长，趾末端有大吸盘，吸盘腹面呈肉垫状。趾间有发达的蹼，可以帮助它们在空中滑翔，很适合树蛙的树栖生活。树蛙的外形、生活习性和雨蛙属很像，但是它们之间并没有亲缘关系。

树蛙有毒吗

　　树蛙一般分为红眼树蛙、斑腿树蛙、红蹼树蛙等。它们通常都具有较强的自愈能力，皮肤表面都带有轻微的毒素，但是它们的毒性都不大，对人类几乎没什么危害，最多对皮肤敏感的人有些轻微的影响，所以我们是不用很害怕树蛙的。

树蛙和青蛙的区别

　　树蛙和青蛙都有绿绿的皮肤，大大的眼睛，长相非常相似。它们两个有什么区别呢？其中最重要的一点就是树蛙和青蛙的居住环境不同！树蛙常年生活在树上，偶尔也会回到陆地上居住。青蛙不会在树上居住，它们通常生活在水里和陆地上。

如何产卵

　　每到产卵的季节，树蛙就会选择一个安静的地方。水域上方的树叶、静水边的泥窝和草丛都是它们产卵的最佳场所。树蛙的卵被包裹在泡沫状的卵泡中，有些种类的树蛙卵泡还被树叶包裹着，这些特殊的产卵习性在蛙类中属于比较少见的。孵化出来的卵会被雨水从树叶上冲落到下方的水域中，然后以蝌蚪的形式在水中生活2～3个月后逐渐变态发育成幼蛙，最后回到陆地上生活。

拥有发达的后肢。

鲜亮的绿色皮肤。

趾间有发达的蹼，
有助于在空中滑翔。

树蛙

分类： 无尾目树蛙科

食性： 肉食性

体长： 约 10 厘米

特征： 趾上有吸盘，可以攀附
在树皮和枝叶上

67

身含剧毒的蛙：
箭毒蛙

　　除了人类以外，箭毒蛙几乎没有别的敌人。自然界中的食物是箭毒蛙毒性的主要来源，例如毒树皮或者毒昆虫，毒蜘蛛也是其中之一。食物中的毒性会被箭毒蛙吸收并转化为自身的毒液，所以野生箭毒蛙的毒性是很强的。

双亲抚育策略

　　箭毒蛙是称职的父母，不像其他蛙类那样产下大量的卵后就扬长而去，雌雄双方会共同抚育后代，一夫一妻制的配偶关系会持续整个繁殖期。

小身体　大毒素

　　箭毒蛙的体形大多很小很小，体长一般都不超过5厘米，但是身上的毒素却不容小觑。曾有科学家在南美研究箭毒蛙的时候，亲身感受到了箭毒蛙的厉害。当时他在丛林里解剖一只小小的箭毒蛙，不小心划破了手指，他赶快挤压伤口，阻断血液循环并吸吮伤部，但仍感到胸口很闷，觉得自己就要死了。经过了两个小时，他才慢慢有了好转。好在处理得及时，不然真的会有生命危险。

猎奇者的最爱

　　箭毒蛙这么毒，还是有人饲养它们！对于
一些猎奇爱好者来说，箭毒蛙极大地满足了他
们的好奇心。由人工繁殖出来的箭毒蛙是不存
在毒性的，也不会对人类造成大的伤害，所以
很多养蛙爱好者无法抗拒它们美丽的外表。

箭毒蛙

分类： 无尾目箭毒蛙科
食性： 肉食性
体长： 17 ～ 22 毫米
特征： 眼睛很大

水汪汪的大眼睛
非常有神。

小小的身体拥有颜色
非常鲜艳的皮肤。

雌性箭毒蛙会将孵化的蝌蚪
背在身后，将它们运到足以
使它们长大的水坑里。

箭毒蛙的四肢
布满鳞纹。

69

中华大蟾蜍

中华大蟾蜍这个名字听起来很霸气,其实它们就是人们常常看到的"癞蛤蟆"!它们身体呈深棕色,皮肤粗糙,皮肤上长有圆形疣粒,圆圆的大眼睛向外突出,对于活动的物体非常敏感,分叉的舌头随时可以吐出来捕捉猎物。中华大蟾蜍分布广泛,适应能力强,能够生活在不同海拔的各种环境中。它们性情温顺,行动迟缓,多栖息在草丛、石下、土穴中,天黑以后才出来觅食。中华大蟾蜍的食性很杂,捕食各种昆虫,有时还吃活的小动物,甚至连小蛇都不放过。在秋冬季节,中华大蟾蜍会躲起来冬眠,次年的惊蛰时分再出来活动。

如何饲养

中华大蟾蜍体形大,性格温顺,非常容易饲养。饲养中华大蟾蜍时需要干湿分离。和其他无尾目一样,中华大蟾蜍主要以小虫为食,可以喂给它们蟋蟀、蚯蚓、面包虫等。中华大蟾蜍具有很强的适应能力,温度保持在 20 ~ 30℃就可以,它们有冬眠的习惯,不过可以通过提高温度阻止它们冬眠。中华大蟾蜍性格温和,可以混养。

中华大蟾蜍

分类: 无尾目蟾蜍科
食性: 肉食性
体长: 10 厘米以上
特征: 身体表面有很多疣粒,
耳后的毒腺能分泌毒液

有毒的皮肤

　　中华大蟾蜍全身呈深褐色，皮肤表面布满了疣粒，非常粗糙，让人看了以后不愿意接近。它们是民间所说的"五毒"之一，耳朵后部长着一对耳后腺，那是它们分泌毒液的地方，它们的皮肤腺也可以分泌毒液。其毒性的杀伤力直达心脏和神经系统，可致命。虽然中华大蟾蜍身带可怕的剧毒，但是它们性情温和，是不会随便放毒的。

头部和口部比较宽阔，舌头是分叉的，有利于捕捉猎物。

眼睛大而突出，对移动的物体相当敏感。

皮肤粗糙，全身分布着圆形的疣粒。

尾巴会发声的蛇：

响尾蛇

　　在沙漠中那些被风吹过的松沙地区，常常会听到"沙沙"的声音，那也许不是沙子的声音，而是响尾蛇在附近游荡。响尾蛇的尾部通过振荡可以发出响亮的声音，因此它们被人们称为响尾蛇。响尾蛇的大小不一，主要分布在加拿大至南美洲一带的干旱地区。它们主要以其他小型啮齿类动物为食，是沙漠中可怕的杀手。响尾蛇的毒素可以致命，即使是死去的响尾蛇也同样存在危险，因为它在咬噬动作方面有一种条件反射能力，不受脑部影响。响尾蛇有时也会攻击人类，美国是人类遭受响尾蛇攻击最多的国家。人们因为它们的攻击而对其进行捕杀，但是只进行捕杀并不是最好的办法，而是应该加强对响尾蛇的研究与保护。

响尾蛇

分类： 有鳞目蝰蛇科
食性： 肉食性
体长： 超过 2 米
特征： 尾巴上有一个能发出声
　　　　音的角质环，背部有菱
　　　　形花纹

敏锐的探测系统

　　响尾蛇具有像猫一样灵敏的眼睛，眼睛下方有一对鼻孔和一对颊窝，颊窝是响尾蛇的温度感受器，大多数毒蛇都具备这种器官，这能帮助它们探测周围温度的微小变化。美国在空对空导弹上安装的"红外导引"装置就是从响尾蛇的温度感受器中得到的启发。

会发声的尾巴

  响尾蛇的尾巴是自身的警报系统，当危险来临，响尾蛇的尾部会发出"沙沙"的响声，那是大自然中最原始的声音。它们尾巴的尖端长着一种角质环，环内部中空，就像是一个空气振荡器，当它们不断摆动尾巴的时候就会发出响声，这样摆动尾巴并不会消耗它们很多的体力。

背部分布着菱形黑褐斑。

毒液

  所有的响尾蛇都有毒，但是它们的毒液不会对它们自身造成伤害，即使咽下去，也不会中毒。不过在其他动物身上就没有那么幸运了，响尾蛇的毒性很强，它们属于管牙类毒蛇，主要通过牙齿注射毒液。被注入毒液的猎物很快就会晕厥、死亡。

蛇中之王：

王 蛇

　　王蛇又被叫作"皇帝蛇"，它们分布于广袤的北美大陆。王蛇的种类有很多，相貌也大不相同，它们通常呈黑色或者黑褐色，身上布满各式各样的条纹，有黄色或者白色环纹、条纹。之所以被称为王蛇，是因为它们本身是无毒蛇，却捕食其他蛇，尤其是毒蛇，而且它们对毒素都是免疫的。加州王蛇是王蛇中最普遍的种类，它们的鳞片表面光滑并带有光泽，还有多变的颜色，非常漂亮，在美国的沙漠、沼泽地、农田、草原随处可见，还被许多人当作宠物饲养，寿命长达20年。

王蛇
分类： 有鳞目黄颔蛇科
食性： 肉食性
体长： 0.6 ~ 1.2 米
特征： 身上有白色和黑色相间
　　　　的环纹，无毒

温柔的王蛇

虽然王蛇的名字听上去地位崇高，但它们并不是凶狠无比的蛇，它们在蛇类中算是很温顺的种类。它们对生活环境的要求比较低，很少主动攻击人类，可以饲养、把玩。但是如果生命受到了威胁，它们也会绝地反击，有时会卷成球体并以排泄物喷向敌人。

王蛇的体色通常为黑色或者深褐色，带有黄色或白色不规则的条纹、环纹、横纹或斑点。

☑趣味测试
☑精美图文
☑影像科普
☑交流园地

扫码获取

牛奶蛇

在众多王蛇中有一种王蛇叫牛奶蛇，它们是一种无毒有益的王蛇，分布范围广。它们被称作牛奶蛇跟它们的颜色无关，而是来源于一个错误的传说。因为牛奶蛇经常出没在农场附近，被人误认为喜欢偷喝牛奶，就被叫成了牛奶蛇，其实它们是在捕捉老鼠和兔子。

色彩伪装:

变色龙

在撒哈拉以南的非洲和马达加斯加岛上生活着变色龙这种神奇的生物。它们可以通过调节皮肤色素细胞的位置来改变身体表面的颜色，变色的技能可以让它们在不同环境下伪装自己。变色龙的身体呈长筒状，有个三角形的头，长长的尾巴在身体后方卷曲着。它们是树栖动物，卷曲的尾巴可以缠绕在树枝上。变色龙主要捕食各种昆虫，长长的带有黏液的舌头是它们捕食的利器，舌尖上产生的强大吸力让猎物很难逃脱。变色龙的性格孤僻，除了繁殖期以外都是单独生活。

会变色的伪装高手

变色龙可以随心所欲地变色，这是让它们最为骄傲的一项绝活。它们皮肤最初的颜色是绿色的，但它们可以将体色变成紫色、蓝色、褐色等，甚至多种颜色同时出现。它们的颜色可以随着环境、温度、光照、心情的变化而变化，它们的这项伪装技能与其他动物的保护色一样，都是为了保护自己免遭袭击，能够在危险时刻安全地生存下来。

变色龙

分类: 蜥蜴目避役科
食性: 肉食性
体长: 最长可达 60 厘米
特征: 头部有一个比较高的骨
　　　　质冠

特殊的技能

　　变色龙除了大家熟知的变色技能，还有动眼神功和吐舌绝活。变色龙的两只眼睛分布在头部两侧，眼睑发达，眼球能够分别转动 360°，当它们左眼固定在一个方向时，右眼却可以环顾四面八方。它们的舌头很长，以至于在嘴里不能完全伸展，只能盘卷着。卷曲的舌头是它们捕猎的法宝，当猎物出现时，它们能够第一时间弹出自己的舌头，迅速将猎物卷进嘴里。

头部长有骨质冠。

身体细长，两侧扁平。

眼睑发达，眼球能转 360°。

长"翅膀"的蜥蜴：

飞蜥

飞蜥是蜥蜴中比较奇特的种类，它们分布于南亚和东南亚。它们的头部长有发达的喉囊和三角形颈侧囊，体色多为灰色，常常生活在树上，以各种昆虫为食。飞蜥真的会飞吗？不，它们只会滑翔。飞蜥是蜥蜴界技艺高超的滑翔师，它们可以在仅仅下降2米的同时向前滑翔60米的距离。尾巴在"飞行"过程中起了重要的作用，它们利用尾巴在空中保持平衡和变换姿势，甚至实现空中大翻转。飞蜥对环境的适应能力强，繁殖率高。

会滑翔的蜥蜴

想要飞行就一定要有翅膀，没有翅膀的蜥蜴到底是如何飞起来的呢？原来飞蜥的身体构造较为奇特，在它们的身体两侧有5～7对由延长的肋骨支持的翼膜，在林间滑翔时，翼膜向外展开就像翅膀一样。它们只能从高处滑翔到低处，不能由低处飞翔到高处。当它们爬行时不需要翼膜，翼膜就会像折叠扇一样折叠收拢起来。

彩虹飞蜥

有一种飞蜥名叫彩虹飞蜥，它们分布于非洲的中部及西部，生活在干燥的环境中，常常出现在人们居住的地方。在夜晚彩虹飞蜥皮肤的颜色是灰色的，但是每当太阳一升起，它们就会变成彩虹般的混合体色，而且雄性的颜色更加明显。橙红色的头部，蓝紫色的四肢，看起来很像电影里蜘蛛侠的配色。它们不仅配色很像蜘蛛侠，也有着像蜘蛛侠一样敏捷的身手。它们虽然也叫飞蜥，却没有其他飞蜥的绝招，既不会飞行也不会滑翔。

飞蜥口中长有细小的牙齿，有利于它们切割猎物。

飞蜥

分类：有鳞目鬣蜥科
食性：肉食性
体长：约 20 厘米
特征：身体两侧具有能展开的"翅膀"

飞蜥体形较小，体侧长着半透明的翼膜，看上去就像是翅膀，在行动时能帮助它们滑行。

☑ 趣味测试
☑ 精美图文
☑ 影像科普
☑ 交流园地

扫码获取

尾巴较长，行动时体态轻盈。